Ching-Long Shih
Yu-Te Ku

Reconhecimento de pontos de referência digitais e manobra de escrita com os dedos de um robô móvel

Índice

Parte 1:

Sistema de orientação de robôs móveis baseado em imagens utilizando pontos de referência artificiais no teto

Ching-Long Shih* Yu-Te Ku[+]

Departamento de Engenharia Eletrotécnica
Universidade Nacional de Ciência e Tecnologia de Taiwan
No. 43, Section 4, Keelung Road, Taipei, Taiwan, 106
*Autor correspondente, shihcl@mail.ntust.edu.tw
[+]@M10307425@mail.ntust.edu.tw

Resumo

Este documento apresenta um sistema de orientação de robôs móveis baseado em imagens num espaço interior com pontos de referência artificiais instalados no teto. O sistema global, que inclui o controlo do movimento de um robô móvel omnidirecional, o processamento de imagens de pontos de referência e o reconhecimento de imagens, é implementado num único chip FPGA com um sensor de imagem CMOS. A representação proposta das características dos pontos de referência do teto artificial é invariante em relação à rotação e à translação. Uma caraterística única do sistema de reconhecimento de pontos de referência do teto proposto é o facto de os pontos de referência serem determinados por informações topológicas tanto do primeiro como do segundo plano. Para melhorar a precisão do reconhecimento, a classificação dos pontos de referência é efectuada depois de o robô móvel ser movido para uma posição tal que o ponto de referência do teto se situe no canto superior direito da imagem da câmara do robô. A precisão do sistema de reconhecimento de pontos de referência do teto artificial proposto utilizando a classificação do vizinho mais próximo é de 100% nas nossas experiências.

Palavras-chave: sistema de orientação de robôs móveis, marco de teto artificial, processamento de imagem, NCC (nearest neighbor classification), FPGA

1. Introdução

As funções básicas dos AGV e dos robots móveis são a navegação automatizada para locais reconhecidos para parar e executar tarefas. Assim, o controlo da navegação e da orientação é uma das partes mais importantes dos sistemas de robôs móveis. Uma questão essencial da navegação de robôs móveis, a localização de robôs, centra-se no processo de um robô identificar a sua posição. No passado, foram utilizadas várias tecnologias de navegação de AGV e de robôs móveis, incluindo orientação por fita, electromagnética (por exemplo, RFID), ótica, laser, inercial, GPS, ultra-sónica, visão e reconhecimento de imagem [1]. A precisão e as limitações destes sensores são bastante diferentes de um para outro. Entre estes sensores, as câmaras, conhecidas pelos seus preços mais baixos, facilidade de utilização e capacidade de captar informação em abundância, têm sido cada vez mais aplicadas à localização de robôs móveis com base na visão. Devido à sua flexibilidade e à sua configuração sem necessidade de percursos de orientação, os sistemas de reconhecimento baseados na visão e na imagem têm-se tornado a tendência na tecnologia de orientação de robôs móveis [2,3].

A abordagem do algoritmo de localização e mapeamento simultâneos (SLAM) tem atraído grande atenção entre os investigadores no domínio da robótica móvel [3]. O algoritmo SLAM ajuda os robôs autónomos a navegar em grandes ambientes onde não existem mapas precisos. No SLAM, um mapa de um ambiente desconhecido é construído a partir de uma sequência de medições de pontos de referência efectuadas por um robô em movimento. Os algoritmos SIFT/SURF extraíram com êxito informações de características de um ambiente desconhecido e criaram o mapa ambiental com base nos pontos de características [4,5]. A maioria dos algoritmos SLAM baseia-se em características ambientais únicas ou utiliza pontos de referência artificiais capturados nas imagens da câmara. As características extraídas dos pontos de referência são utilizadas para aumentar a precisão da posição estimada do robot. A posição do robô é calibrada através das seguintes etapas: reconhecimento de pontos de referência artificiais, cálculo da posição atual, navegação em direção ao ponto de referência até ficar diretamente por baixo e calibração da pose do robô utilizando informações do ponto de referência.

Os pontos de referência artificiais podem conter informações adicionais sobre o ambiente e podem ser utilizados para ajudar um robot na localização e navegação. Os pontos de referência artificiais são normalmente utilizados para navegação e construção de mapas em ambientes interiores. Em comparação com os pontos de referência naturais, os pontos de referência artificiais são concebidos com cores e formas específicas para reduzir significativamente a dificuldade de identificação. Esta abordagem pode aumentar a precisão da localização e do posicionamento para sistemas de orientação de robôs móveis baseados na visão. O reconhecimento de pontos de referência é de grande importância para a navegação autónoma robótica ou para a execução de tarefas. Um marco artificial comummente utilizado é um marco impresso visualmente, como um código QR. Há várias formas de detetar um código QR numa imagem. A qualidade da deteção revela-se muito sensível à distância e ao ângulo entre a câmara e o plano do código QR [6]. O esquema de controlo da navegação de um robô baseado na localização por "dead-reckoning" e refinado por pontos de referência artificiais no ambiente para posicionamento e navegação em interiores foi apresentado em [7]. A localização do robô pode ser refinada através da utilização de pontos de referência fixos/estáticos de códigos QR artificiais no ambiente para posicionamento e navegação em interiores [8]. Uma vez que é difícil posicionar o robô de forma precisa e perpendicular ao ponto de referência artificial utilizando uma única câmara, o sistema apresenta um erro de localização da posição. Uma técnica de odómetro visual baseada em pontos de referência artificiais é descrita em [9]; no entanto, foi capaz de melhorar a localização, mas continua sujeita a erros acumulados.

Para ultrapassar algumas dificuldades dos trabalhos anteriores em [6,7,8,9], este artigo apresenta um sistema de localização e orientação de robôs móveis baseado em imagens num espaço interior com pontos de referência artificiais instalados no teto. A maioria das abordagens anteriores sobre a correspondência de padrões de pontos de referência artificiais centra-se apenas na informação do primeiro plano. Pelo contrário, o sistema de reconhecimento de pontos de referência no teto proposto consiste em que os pontos característicos dos pontos de referência sejam determinados por informações topológicas tanto do primeiro como do segundo plano. Este trabalho centra-se num sistema de controlo de orientação de robôs móveis totalmente baseado em FPGA com apenas um sensor de imagem CMOS. Para melhorar a precisão do reconhecimento, o reconhecimento/classificação de pontos de referência é efectuado depois de o robô móvel se ter deslocado para uma posição em que o ponto de referência do teto se encontra na posição vertical superior da imagem da câmara do robô. O sistema proposto alcançou uma precisão de reconhecimento de 100% para 36 dígitos e letras maiúsculas do alfabeto, utilizando a classificação do vizinho mais próximo. Um dos requisitos do sistema é que um dos pontos de referência do teto no mapa (de percurso) seja visível para a câmara do robô no momento da ligação para localização

A maioria das abordagens anteriores sobre a correspondência de padrões de pontos de referência artificiais centra-se apenas na informação do primeiro plano. Este artigo apresenta um sistema de orientação de robôs móveis baseado em imagens num espaço interior com pontos de referência de tectos artificiais instalados. A representação proposta das características de primeiro plano/plano de fundo dos pontos de referência do teto artificial é invariante em relação à rotação e à translação. Uma caraterística única do sistema de reconhecimento de pontos de referência do teto proposto é o facto de os pontos de referência serem determinados por informações topológicas tanto do primeiro como do segundo plano. Este trabalho centra-se num sistema de controlo de orientação de robôs móveis totalmente baseado em FPGA com apenas um sensor de imagem CMOS. Para melhorar a precisão do reconhecimento, o reconhecimento/classificação de pontos de referência é efectuado depois de o robô móvel se ter deslocado para uma posição em que o ponto de referência do teto se encontra na posição vertical superior da imagem da câmara do robô. O sistema proposto alcançou uma precisão de reconhecimento de 100% para 36 dígitos e letras maiúsculas do alfabeto, utilizando a classificação do vizinho mais próximo. Um dos requisitos do sistema é que um dos pontos de referência do teto no mapa (do percurso) seja visível para a câmara do robô quando este é ligado.

Os contributos deste trabalho são os seguintes. (1) É necessária apenas uma câmara de imagem CMOS para o sistema de controlo de orientação do robô móvel proposto. (2) A representação proposta das características de primeiro e segundo plano dos pontos de referência do teto artificial é invariante em relação à rotação e à translação. (3) O sistema global, incluindo o controlo omnidirecional do movimento do robô móvel e o processamento e reconhecimento de imagens de pontos de referência, é implementado num único chip FPGA.

2. Sistema de robô móvel omnidirecional

Os sistemas de coordenadas do sistema do robô móvel, como se mostra na Figura 1, incluem a estrutura de coordenadas do mundo (x_w , y_w), a estrutura de coordenadas do robô (x_r , y_r), a estrutura de coordenadas dos píxeis da câmara (c, r) e a estrutura de coordenadas do ponto de referência (u, v). Sejam (x, y, θ) a posição e a orientação da estrutura do robot em relação às coordenadas do mundo. O sistema de câmara tem uma resolução de 800x480 pixels com 1,225 mm por pixel. A origem da coordenada do robô está localizada no centro do ecrã LCD, na coordenada do pixel (400, 240). A transformação da coordenada do robot para a coordenada do mundo é

$$\begin{bmatrix} x_w \\ y_w \end{bmatrix} = \begin{bmatrix} \cos\theta & -\sin\theta \\ \sin\theta & \cos\theta \end{bmatrix} \begin{bmatrix} x_r \\ y_r \end{bmatrix} + \begin{bmatrix} x \\ y \end{bmatrix}, \tag{1}$$

e a transformação da coordenada da câmara para a coordenada do robot é

$$\begin{bmatrix} x_r \\ y_r \end{bmatrix} = \begin{bmatrix} 1 & 0 \\ 0 & -1 \end{bmatrix} \begin{bmatrix} c \\ r \end{bmatrix} + \begin{bmatrix} -400 \\ 240 \end{bmatrix}. \tag{2}$$

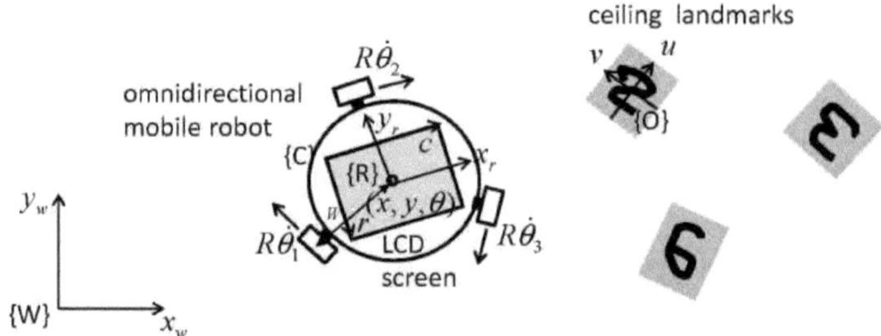

Figura 1. Sistemas de coordenadas de um robô móvel omnidirecional baseado em imagens e
pontos de referência no teto.

O robô móvel é constituído por três rodas motrizes omnidireccionais de raio R e a plataforma do seu corpo é circular de raio W. Sendo $\dot\theta_i$, $i = 1,2,3$, a velocidade angular de cada roda motriz, a equação cinemática da velocidade do robô móvel é

$$\begin{bmatrix} \dot{x}_r \\ \dot{y}_r \\ \dot{\theta} \end{bmatrix} = R \begin{bmatrix} -\dfrac{1}{3} & \dfrac{2}{3} & -\dfrac{1}{3} \\ \dfrac{1}{\sqrt{3}} & 0 & -\dfrac{1}{\sqrt{3}} \\ -\dfrac{1}{3W} & -\dfrac{1}{3W} & -\dfrac{1}{3W} \end{bmatrix} \begin{bmatrix} \dot{\theta}_1 \\ \dot{\theta}_2 \\ \dot{\theta}_3 \end{bmatrix} \tag{3}$$

e a equação cinemática da velocidade inversa é

$$\begin{bmatrix} \dot{\theta}_1 \\ \dot{\theta}_2 \\ \dot{\theta}_3 \end{bmatrix} = \frac{1}{R} \begin{bmatrix} -\dfrac{1}{2} & \dfrac{\sqrt{3}}{2} & -W \\ 1 & 0 & -W \\ -\dfrac{1}{2} & -\dfrac{\sqrt{3}}{2} & -W \end{bmatrix} \begin{bmatrix} \dot{x}_r \\ \dot{y}_r \\ \dot{\theta} \end{bmatrix}. \tag{4}$$

A cinemática da velocidade entre a estrutura do mundo e a estrutura do robot é

$$\begin{bmatrix} \dot{x} \\ \dot{y} \\ \dot{\theta} \end{bmatrix} = \begin{bmatrix} \cos\theta & -\sin\theta & 0 \\ \sin\theta & \cos\theta & 0 \\ 0 & 0 & 1 \end{bmatrix} \begin{bmatrix} \dot{x}_r \\ \dot{y}_r \\ \dot{\theta} \end{bmatrix}. \tag{5}$$

3. Pontos de referência do teto

Um marco de teto é um símbolo de carácter artificial que consiste num primeiro plano azul e num fundo amarelo, como se mostra na Figura 2. Sejam F e B os centros dos pixéis do primeiro plano (azul) e do fundo (amarelo), respetivamente; assume-se que $F \psi B$. A origem do quadro de referência (u, v) está localizada no centro da linha que vai de F a B, o eixo u aponta de F para B e o eixo v é perpendicular ao eixo u numa rotação de $90°$. Existem 4 pontos de características $\{F_1, B_1, F_2, B_2\}$ utilizados para codificar cada ponto de referência do teto. F_1 e B_1 são os centros dos pixéis de primeiro plano e de fundo, respetivamente, da marca no primeiro e quarto trimestres da imagem (u, v). F_2 e B_2 são os centros dos pixéis de primeiro e segundo plano, respetivamente, da marca no segundo e terceiro trimestres da imagem (u, v).

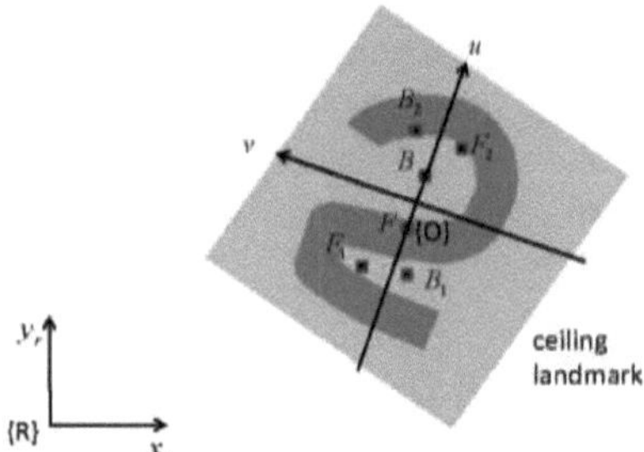

Figura 2. Pontos de características de referência no enquadramento do objeto

O cálculo dos pontos característicos no quadro de referência é simples, como se segue. Primeiro, os centros de primeiro plano e de fundo das marcas $\{RF, RB\}$ na estrutura do robô,

$$^{R}F = \begin{bmatrix} x_F \\ y_F \end{bmatrix} \quad \text{and} \quad ^{R}B = \begin{bmatrix} x_B \\ y_B \end{bmatrix},$$

e os seus pontos característicos $\{ F , B , F^{R_1 R_1 R_2 R_2} \}$ B ,(também no quadro de coordenadas do robot),

$$^{R}F_1 = \begin{bmatrix} x_1 \\ y_1 \end{bmatrix}, \quad ^{R}B_1 = \begin{bmatrix} x_2 \\ y_2 \end{bmatrix}, \quad ^{R}F_2 = \begin{bmatrix} x_3 \\ y_3 \end{bmatrix} \quad \text{and} \quad ^{R}B_2 = \begin{bmatrix} x_4 \\ y_4 \end{bmatrix},$$

são obtidos a partir do sistema de processamento de imagem da câmara. A origem e a orientação do quadro de referência em relação à coordenada do robot podem então ser expressas por

$$\begin{bmatrix} x_c \\ y_c \end{bmatrix} = \frac{1}{2}\begin{bmatrix} x_F \\ y_F \end{bmatrix} + \frac{1}{2}\begin{bmatrix} x_B \\ y_B \end{bmatrix} \tag{6}$$

e

$$\alpha = \operatorname{atan2}(y_B - y_F, x_B - x_F). \tag{7}$$

Os pontos característicos $\{^{O}F_1, {}^{O}B_1, {}^{O}F_2, {}^{O}B_2\}$ nas coordenadas (u, v) podem então ser calculados por

$$\begin{bmatrix} u_i \\ v_i \end{bmatrix} = \begin{bmatrix} \cos\alpha & \sin\alpha \\ -\sin\alpha & \cos\alpha \end{bmatrix}\begin{bmatrix} x_i - x_c \\ y_i - y_c \end{bmatrix}, \quad i = 1, 2, 3, 4. \tag{8}$$

onde

$$^{O}F_1 = \begin{bmatrix} u_1 \\ v_1 \end{bmatrix}, \quad ^{O}B_1 = \begin{bmatrix} u_2 \\ v_2 \end{bmatrix}, \quad ^{O}F_2 = \begin{bmatrix} u_3 \\ v_3 \end{bmatrix} \quad \text{and} \quad ^{O}B_2 = \begin{bmatrix} u_4 \\ v_4 \end{bmatrix}.$$

O procedimento de construção da tabela de modelos de características de pontos de referência é o seguinte. Navegar o robô móvel por baixo de cada ponto de referência do teto, de modo a que a origem da estrutura do robô esteja no centro dos pontos centrais de primeiro plano/plano de fundo de cada ponto de referência, F e B . Rodar o robô móvel no local de modo a que o eixo x da estrutura do robô esteja alinhado com o eixo x da estrutura do mundo. Registar o ângulo de orientação do ponto de referência

ϕ_κ = atan2 (y_B - y_F, x_B - x_F) e os pontos característicos $\{{}^O F_1, {}^O B_1, {}^O F_2, {}^O B_2\}$, para k = 1,2,3,--- . Repetir o procedimento acima para cada ponto de referência. Estes pontos de referência não são apenas utilizados para identificar pontos de referência, mas também para calibrar a orientação da estrutura do robot em relação à estrutura do mundo.

A Figura 3 mostra 36 pontos de referência experimentais no teto, incluindo os dígitos 0~9 e o alfabeto A~Z. A Figura 4 mostra os pontos característicos de cada ponto de referência do teto na Figura 3. A Tabela 1 mostra o vizinho mais próximo de cada marco e a distância normalizada de 1 da diferença entre os pontos característicos de cada marco e do seu vizinho mais próximo, em que a distância normalizada de 1 é a soma dos valores absolutos. Note-se que os pontos característicos de um marco dependem dos padrões de forma do primeiro plano e do fundo. Por conseguinte, não é surpreendente que o dígito 0 e o alfabeto O (ou o dígito 3 e o dígito 8) tenham pontos característicos distintos.

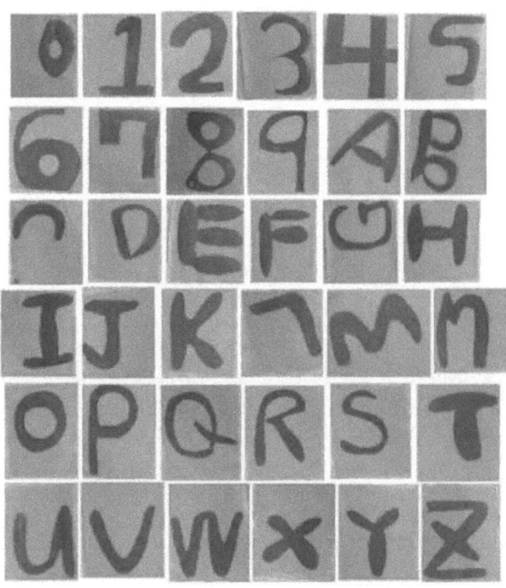

Figura 3. Pontos de referência do teto experimental, dígitos 0~9 e alfabetos A~Z.

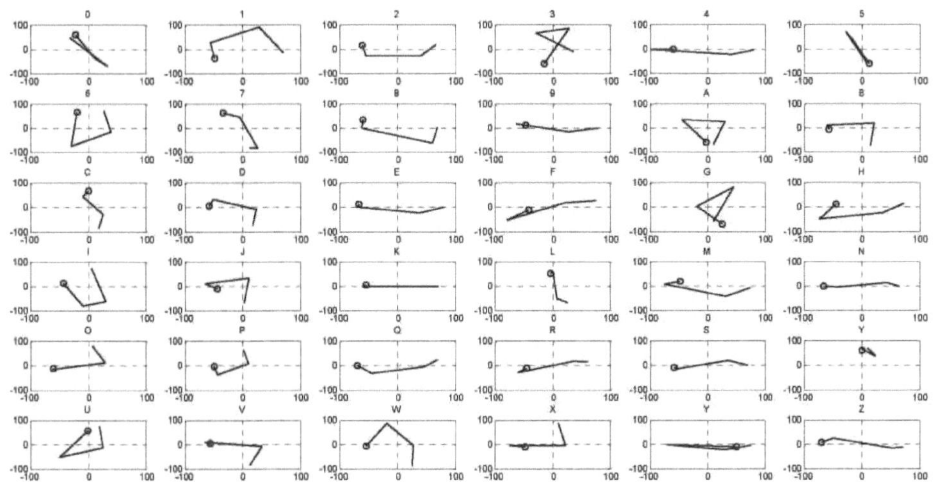

Figura 4. Pontos característicos $\{F_1, B_1, F_2, B_2\}$ de 36 pontos de referência do teto na Fig. 3, os círculos pequenos indicam F_1 .

Quadro 1: O vizinho mais próximo (NN) e a distância dos dígitos 0~9 e dos alfabetos A~Z

landmark	0	1	2	3	4	5	6	7	8	9	A	B
NN	I	S	Q	5	E	G	U	C	E	E	B	J
distance	207	175	74	198	60	152	95	107	107	61	173	63
landmark	C	D	E	F	G	H	I	J	K	L	M	N
NN	7	V	4	R	5	2	6	B	S	C	9	S
distance	107	64	60	89	152	85	182	63	60	110	72	63
landmark	O	P	Q	R	S	T	U	V	W	X	Y	Z
NN	X	O	2	S	K	U	6	D	D	O	9	E
distance	67	106	74	66	60	240	95	64	129	67	158	92

4. Controlo de orientação por imagem

Um roteiro do robô é uma tabela determinística de orientação (ângulo) para guiar o robô móvel de um ponto de referência atual para um ponto de referência alvo. Para ilustrar, a Figura 5 e o Quadro 2 apresentam um exemplo simples de um mapa de orientação do robot. O procedimento de controlo da orientação do robô móvel é o seguinte (Figura 6):

Passo 1: Aguardar pelo novo comando da marca de destino.

Passo 2: Avançar para o próximo ponto de referência.

Passo 3: Chegar ao próximo ponto de referência.

Etapa 4: Se a marca atual for a marca-alvo, passar à etapa 1;

 caso contrário, passar à etapa 2.

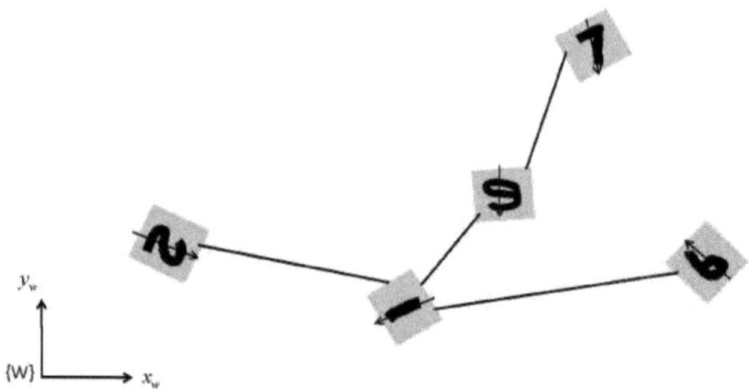

Figura 5. Um exemplo simples de um mapa de estradas para robôs, em que cada seta indica o ângulo de orientação φ de um ponto de referência.

Tabela 2A: Mapa do percurso do robô (Figura 5)

table index	current landmark	target landmarks	next landmark	motion direction θ_s
1	1	2	2	169°
2	1	6, 7	6	65°
3	1	9	9	10°
4	2	1, 6, 7, 9	1	349°
5	6	7	7	75°
6	6	1, 2, 9	1	245°
7	7	1, 6, 2, 9	6	255°
8	9	1, 6, 2, 7	1	190°

Quadro 2B: Orientação dos pontos de referência do mapa do itinerário

landmark	1	2	6	7	9
orientation ϕ_i	207°	335°	272°	293°	117°

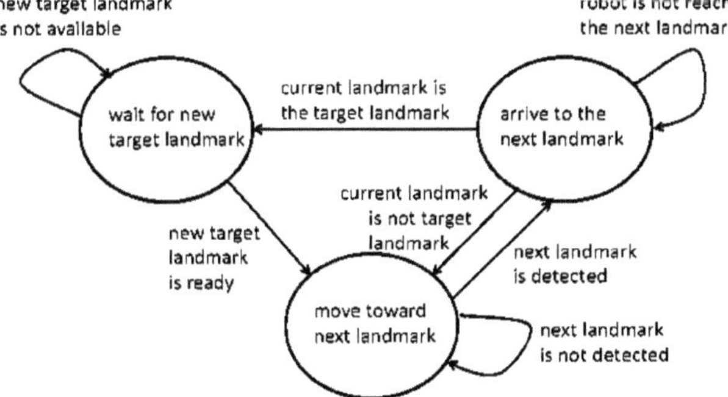

Figura 6. Diagrama de estado do controlo de orientação do robô móvel baseado em pontos de referência

4.1 Avançar para o próximo marco

Assume-se que o robô móvel está localizado diretamente por baixo do ponto de referência i. A orientação da estrutura do robô em relação à estrutura do mundo (mapa de pontos de referência) é $\theta = \varphi^\wedge \alpha$, em que $\alpha = \text{atan2}(y_B - y_F, x_B - x_F)$. Quando o robô móvel se desloca para o ponto de referência seguinte ao longo de uma trajetória linear com uma velocidade linear constante V,

$$\begin{bmatrix} \dot{x} \\ \dot{y} \end{bmatrix} = V \begin{bmatrix} \cos\theta_g \\ \sin\theta_g \end{bmatrix},$$

e as velocidades angulares das rodas motrizes são planeadas como

$$\begin{bmatrix} \dot{\theta}_1 \\ \dot{\theta}_2 \\ \dot{\theta}_3 \end{bmatrix} = \frac{V}{R} \begin{bmatrix} \cos(\theta_g - \theta - \frac{2}{3}\pi) \\ \cos(\theta_g - \theta) \\ \cos(\theta_g - \theta + \frac{2}{3}\pi) \end{bmatrix}. \tag{9}$$

O ponto de referência atual sai da imagem da câmara quando $\left\| ^R F \right\|_1$ está a aumentar e $d = \left\| ^R F - ^R B \right\|_1$ é zero.

4.2 Chegar ao próximo ponto de referência

Se aparecerem novos pontos de caraterística e $\left\| ^R F \right\|_1$ estiver a diminuir, então o robô móvel está a aproximar-se do próximo ponto de referência. Se $d = \left\| ^R F - ^R B \right\|_1$ mantiver um valor finito constante, então é detectada uma nova referência. Nesse momento, o robô móvel desloca-se, sob controlo de orientação baseado na imagem, para a posição central da próxima referência,

$$\begin{bmatrix} \Delta x_r \\ \Delta y_r \end{bmatrix} = \frac{1}{2} \, ^R F + \frac{1}{2} \, ^R B.$$

O robô móvel traduz um movimento relativo $(\Delta x_r, \Delta y_r)$ com uma velocidade

linear constante V, os ângulos incrementais das rodas motrizes são

$$\begin{bmatrix} \Delta\theta_1 \\ \Delta\theta_2 \\ \Delta\theta_3 \end{bmatrix} = \frac{1}{R} \begin{bmatrix} -\dfrac{1}{2} & \dfrac{\sqrt{3}}{2} \\ 1 & 0 \\ -\dfrac{1}{2} & -\dfrac{\sqrt{3}}{2} \end{bmatrix} \begin{bmatrix} \Delta x_r \\ \Delta y_r \end{bmatrix}. \tag{10}$$

As velocidades angulares das rodas motrizes são planeadas como

$$\begin{bmatrix} \dot{\theta}_1 \\ \dot{\theta}_2 \\ \dot{\theta}_3 \end{bmatrix} = \frac{1}{T} \begin{bmatrix} \Delta\theta_1 \\ \Delta\theta_2 \\ \Delta\theta_3 \end{bmatrix}, \quad 0 < t < T = \frac{R\max\left\{|\Delta\theta_1|, |\Delta\theta_2|, |\Delta\theta_3|\right\}}{V}.$$

Após o tempo T, a próxima referência é localizada diretamente acima do robô

móvel e, em seguida, é efectuado o reconhecimento da referência. A referência

identificada com base na classificação do vizinho mais próximo é a referência (na

Figura 3) que tem o valor mínimo de

$$\delta = \left\|{}^{O}F_1 - F_1\right\|_1 + \left\|{}^{O}B_1 - B_1\right\|_1 + \left\|{}^{O}F_2 - F_2\right\|_1 + \left\|{}^{O}B_2 - B_2\right\|_1,$$

para conjuntos de pontos característicos de referência $\{F_1, B_1, F_2, B_2\}$.

5. Implementação do sistema e experiências

O sistema de controlo de orientação por imagem proposto para o robô móvel, como se mostra na Figura 7, é construído sobre a placa de desenvolvimento Altera DE2-115 FPGA, que funciona a uma velocidade de relógio de 50 Mhz. Um ecrã LCD com um módulo de câmara (VEEK_MT) é ligado à DE2-115 e montado na parte superior do robô móvel. Todos os módulos FPGA são implementados utilizando o Verilog HDL e sintetizados pela ferramenta EDA Altera Quartus II

Figura 7. Robô móvel omnidirecional

5.1 Reconhecimento de pontos de referência no teto

O módulo de processamento da imagem de deteção de pontos de referência capta imagens em tempo real com um sensor de imagem CMOS. A Figura 8 mostra o diagrama de blocos funcionais do módulo de processamento de imagem. A cadeia de processamento inclui a transformação do espaço de cor, a equalização do histograma, a deteção de cor, a filtragem, o seguimento de objectos e a gravação. As técnicas de processamento de imagem utilizadas neste documento estão resumidas no Apêndice 1.

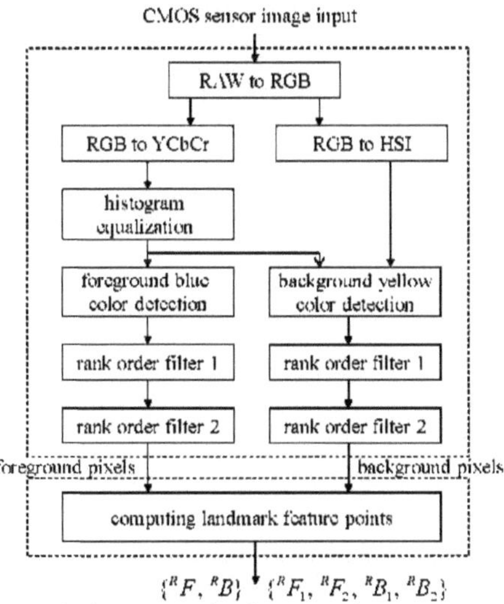

$$\{^{R}F, {}^{R}B\} \quad \{^{R}F_1, {}^{R}F_2, {}^{R}B_1, {}^{R}B_2\}$$

Figura 8. O processamento de imagem da deteção de marcas.

O sistema de reconhecimento de marcos no teto proposto é implementado como um circuito lógico dedicado num chip FPGA. A entrada de imagens em tempo real é alimentada no chip FPGA linha a linha. Até 5 linhas de uma imagem são armazenadas em line-buffers (FIFO) de forma encadeada. O relógio de processamento de imagem é de 96 MHz. Os dados de imagem em bruto são capturados por uma câmara a cores com uma resolução de 800x480 e uma taxa de fotogramas de 7 fps (fotogramas por segundo). A imagem em bruto é convertida numa imagem RGB de 800x 480 e 24 bits (através de uma vizinhança local de cada quatro pixels digitalizados). A posição do ponto de referência detectado é registada e seguida a uma frequência correspondente a 7 vezes por segundo. A Figura 9 mostra um exemplo experimental de um marco no teto e o resultado do processamento da imagem para a deteção e classificação do marco, a precisão da identificação do marco é de 100% nas experiências. Testámos cada marco 10 vezes a partir de diferentes orientações (um total de 360 marcos) e não ocorreu qualquer erro de reconhecimento.

(a) marco do teto "7" (b) resultado da classificação do marco

Figura 9. (a) Exemplo experimental de marco no teto e (b) resultado da deteção e classificação do marco.

5.2 Controlo da velocidade do robô móvel

O robô móvel é constituído por 3 rodas motrizes omnidireccionais accionadas, respetivamente, por 3 servomotores BLDC, cada um deles com trens de engrenagens de relação 246:1. O raio da plataforma do robot é $W = 22,746$ cm e o raio das rodas é $R = 5,093$ cm. O acionamento do motor está sob controlo de posição do motor do tipo impulsos com 100 passos por ciclo, $24600/360 = 68,33$ passos/g. A taxa máxima de comando de impulsos de posição é $f_{max} = 7872$ passos por segundo e $360*7872/24600$ $=115,2$ graus/segundo, resultando numa velocidade de rotação do robô de 25,8 graus/segundo (Ω) e numa velocidade de translação de 10,24 cm/segundo (V).

Um perfil de velocidade retangular simples de controlo de movimento PTP é aplicado a cada servomotor para obter a trajetória de movimento desejada do robô móvel. O objetivo do perfil de velocidade retangular digital para cada servomotor é gerar exatamente um conjunto de impulsos de posição S_i com um ciclo de trabalho de 50% em N ciclos de relógio de entrada f_{in} com uma frequência de saída constante f_{outi}, $f_{outi} = \dfrac{S_i}{N} f_{in}$, em que a frequência do relógio de entrada $f_{in} = 2 f_{max}$. Uma vez que a frequência de saída é uma fração da frequência de entrada, este método é também designado por método do divisor de frequência.

O perfil de movimento de velocidade retangular pode ser implementado eficazmente utilizando um método de diferenças progressivas, sendo frequentemente designado por analisador diferencial digital (DDA). A figura 10 mostra uma implementação em máquina de estados finitos do algoritmo DDA básico em FPGA. Quando ocorre um transbordo, o termo de soma X é decrementado pelo valor P e produz um impulso posicional. O "start" é um sinal de disparo de borda positiva para iniciar um movimento PTP. Durante o movimento PTP, a posição de destino pode ser alterada em tempo real.

5.3 Interface de comando do utilizador e experiência

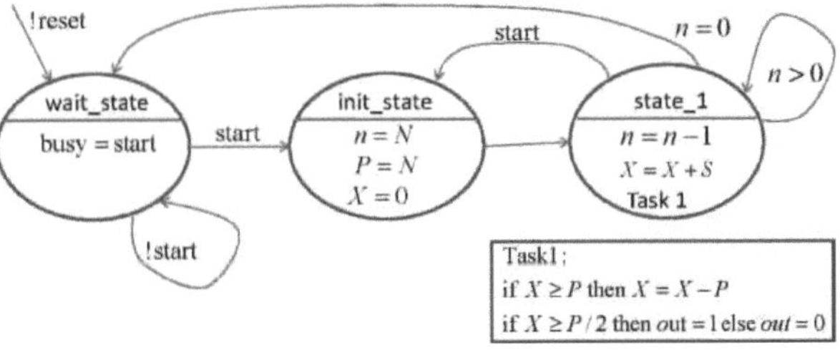

Figura 10. Implementação em máquina de estado finito do algoritmo DDA básico.

A interface de comando do utilizador para o sistema experimental de orientação do robô móvel, como se mostra na Figura 11, é um sistema de reconhecimento de caracteres de escrita na ponta dos dedos baseado na visão, proposto pelos mesmos autores em [10]. No início, o robô móvel está localizado diretamente por baixo de um ponto de referência, por exemplo o ponto de referência "2" do mapa de percursos da Figura 5, e à espera de uma ordem para se deslocar para um novo ponto de referência alvo. O utilizador ordena ao robô móvel que se desloque para o ponto de referência alvo "7", escrevendo o dígito "7", como mostra a Figura 12. A Figura 13 mostra o percurso registado do robô móvel que se desloca da Marca "2" para a Marca "7", seguindo o mapa de percurso da Tabela 2.

Figura 11. Sistema experimental de controlo da orientação por pontos de referência no teto do robô móvel.

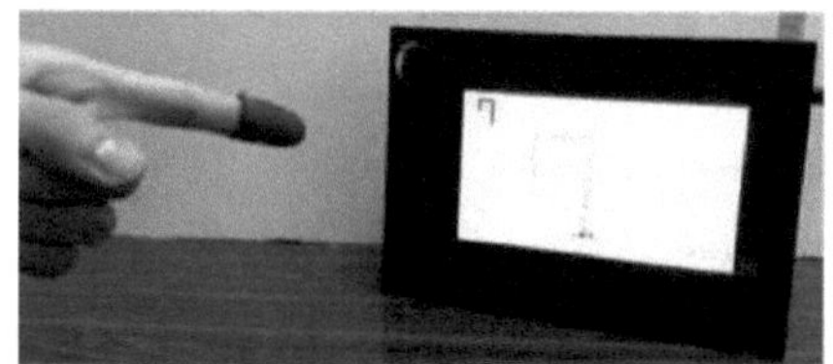

Figura 12. Localização da marca-alvo introduzida pelo utilizador.

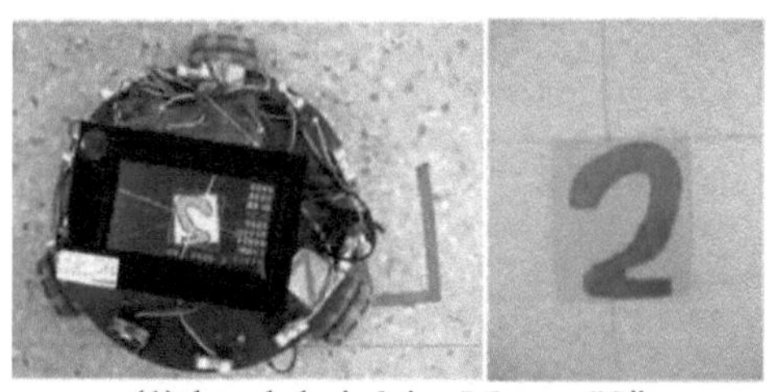

(1) local de início: Marco "2"

(2) deixa "2"   (3) passa de "2" para "1"   (4) chega a "1"

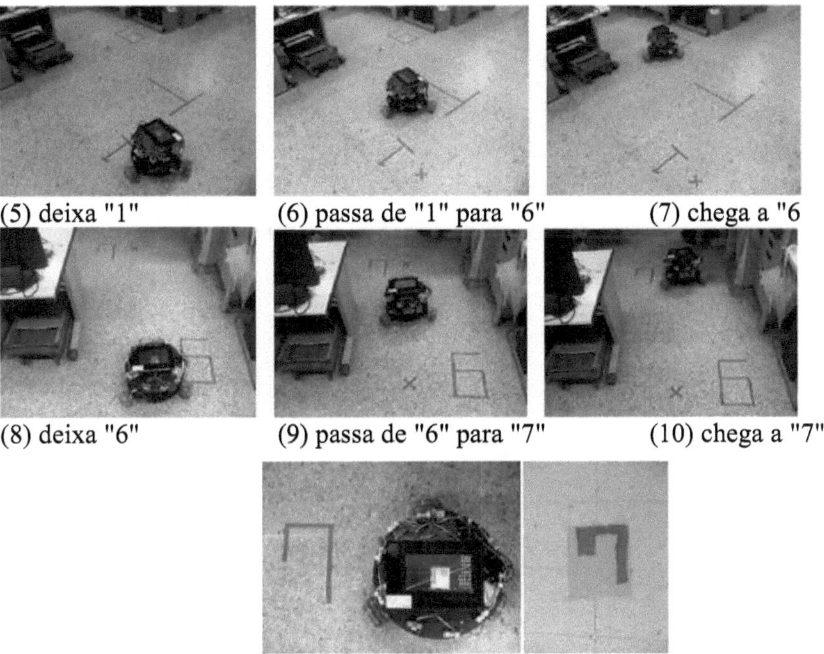

(5) deixa "1"   (6) passa de "1" para "6"   (7) chega a "6

(8) deixa "6"   (9) passa de "6" para "7"   (10) chega a "7"

(11) localização definitiva: Marco "7"

Figura 13. O robot desloca-se do Ponto de Referência "2" para o Ponto de Referência "7" (mapa do percurso na Tabela 2).

6. Conclusão

Apresentámos um sistema simples mas eficaz de reconhecimento de pontos de referência no teto artificial baseado na visão e um sistema de orientação e localização de robôs móveis em interiores. Os pontos de referência do teto são caracterizados por informações topológicas do primeiro e do segundo plano. A precisão da identificação de pontos de referência através da classificação do vizinho mais próximo é de 100% nos nossos testes. Um requisito do sistema de controlo de orientação do robô móvel proposto é que um dos pontos de referência do teto no mapa de rotas seja visível para a câmara do robô no início. Os contributos deste trabalho são os seguintes. (1) O sistema de controlo de orientação de robôs móveis proposto requer apenas uma câmara de imagem CMOS. (2) A representação proposta das características de primeiro e segundo plano dos pontos de referência do teto artificial é invariante em relação à rotação e à translação. (3) O sistema global, incluindo o controlo omnidirecional do movimento do robô móvel e o processamento e reconhecimento de imagens de pontos de referência, é implementado num único chip FPGA. Em trabalhos futuros, gostaríamos de instalar sensores de odómetro e de bússola no robô móvel e de construir automaticamente o mapa do percurso

Agradecimentos:

Este trabalho é apoiado pelos subsídios do Ministério da Ciência e Tecnologia de Taiwan MOST-104-2221-E-011-035 e MOST-105-2221-E-011-047.

Referências:

[1] Jing Long, Chun Liang Zhang, O resumo da tecnologia de orientação AGV, Advanced Materials Research, Vols. 591-593, pp. 1625-1628, 2012.

[2] G.N. DeSouza e A.C. Kak, "Vision for mobile robot navigation: A survey," IEEE Trans. on Pattern Analysis and Machine Intelligence, vol. 24, no. 2, pp. 237-267, Feb. 2002.

[3] R. Siegwart, I. R. Nourbakhsh e D. Scaramuzza, Introduction to autonomous mobile robots, MIT Press, 2011.

[4] David G. Lowe, "Distinctive image features from scale-invariant keypoints," International Journal of Computer Vision, vol. 60, no. 2, pp. 91-110, 2004.

[5] Herbert Bay, Andreas Ess, Tinne Tuytelaars, e Luc Van Gool, SURF: Speeded Up Robust Features, Computer Vision and Image Understanding (CVIU), Vol. 110, No. 3, pp. 346-359, 2008.

[6] Dmitriy Kartashov, Kirill Krinkin, Arthur Huletski, Fast artificial landmark detection for indoor mobile robots, Actas da Conferência Federada de Ciências da Computação e Sistemas de Informação, ACSIS, Vol. 5, pp. 209-214, 2015.

[7] Taeyeon Kim e Joon Lyou. "Indoor navigation of skid steering mobile robot using ceiling landmarks", IEEE International Symposium on Industrial Electronics, Seoul, pp.1743-1748, julho de 2009.

[8] Kimihiro Okuyama, Tohru Kawasaki, and Valeri Kroumov, Localization and position correction for mobile robot using artificial visual landmarks, Proceedings of the 2011 International Conference on Advanced Mechatronic Systems, Zhengzhou, China, pp. 414-418, 2011.

[9] Cl'audio dos S. Fernandes, Mario F. M. Campos e Luiz Chaimowicz, Um sistema de localização de baixo custo baseado em Marcos Artificiais, Simpósio Brasileiro de Robótica 2012 e Simpósio Latino Americano de Robótica, 2012.

[10] C.-L. Shih, W.-Y. Lee e Y.-T. Ku, A vision-based fingertip-writing character

recognition system, Journal of Computer and Communications, No. 4, pp. 160168, 2016.

Apêndice 1: Utilitários de processamento de imagens

A transformação RGB para HSI é apresentada de seguida,

$$H = \begin{cases} \theta & B \le G \\ 360° - \theta & B > G \end{cases}, \quad \text{where} \quad \theta = \cos^{-1} \frac{R - (G+B)/2}{\sqrt{(R-G)^2 + (R-B)(G-B)}}$$

$$S = 255 - 765 \frac{\min\{R,G,B\}}{R+G+B} \quad \text{and} \quad I = \frac{R+G+B}{3}.$$

em que $0 \le R,G,B \le 255$ e , $0 \le H \le 360$ $0 \le S,I \le 255$. Cor RGB para YCbCr

A transformação é a seguinte

$$\begin{bmatrix} Y \\ Cb \\ Cr \end{bmatrix} = \begin{bmatrix} 0.299 & 0.587 & 0.114 \\ -0.169 & -0.331 & 0.5 \\ 0.5 & -0.419 & -0.081 \end{bmatrix} \begin{bmatrix} R \\ G \\ B \end{bmatrix} + \begin{bmatrix} 0 \\ 128 \\ 128 \end{bmatrix} \tag{11}$$

em que $0 \le R,G,B \le 255$ e $0 \le Y,Cb,Cr \le 255$. A transformação do espaço de cor é seguida por

equalização do histograma para o componente Cb. Seja a função de densidade do histograma de $r_k = Cb$ denotada por

$$P_{rob}(r_k) = \frac{n_k}{MN}, \quad k = 0,1,2,\cdots,L-1, \tag{12}$$

onde $M \times N$ é o número total de pixéis, então a função de equalização do histograma é

$$s_k = T(r_k) = (L-1)\sum_{j=0}^{k} P_{rob}(r_j) = \frac{L-1}{MN}\sum_{j=0}^{k} n_j, \quad k = 0,1,2,\cdots,L-1. \tag{13}$$

Em seguida, a segmentação da cor azul do primeiro plano é efectuada utilizando o filtro

$$P = \begin{cases} 1 & s_k > 252 \ \& \ Y < 200 \ \& \ R < 160 \\ 0 & \text{otherwise} \end{cases}, \tag{14}$$

onde s_k denota o componente Cb após a equalização do histograma. Em seguida, é efectuada a segmentação da cor amarela do fundo do marco utilizando o filtro

$$P = \begin{cases} 1 & s_k < 50\ \&\ H < 80\ \&\ S < 80 \\ 0 & \text{otherwise} \end{cases}, \tag{15}$$

Por fim, um filtro por ordem de classificação,

$$P_{13} = \begin{cases} 1 & \sum_{i=1}^{25} P_i = 25 \\ 0 & \text{otherwise} \end{cases}, \tag{16}$$

é aplicado duas vezes a cada janela 5 x 5 para gerar uma imagem binária, em que os pixéis na janela 5 x 5 são numerados de 1 a 25 da esquerda para a direita e depois de cima para baixo, sendo P_{13} o pixel central. Os pixéis verdadeiros indicam potenciais posições das pontas dos dedos.

Parte 2:
**Um sistema de reconhecimento de caracteres de escrita na ponta dos dedos
baseado em visão**

Ching-Long Shih[+,*] Wen-Yo Lee[++] Yu-Te Ku [+]

[+]Departamento de Engenharia Eletrotécnica
Universidade Nacional de Ciência e Tecnologia de Taiwan
No. 43, Section 4, Keelung Road, Taipei, Taiwan, 106
*Autor correspondente, shihcl@mail.ntust.edu.tw

[++]Departamento de Redes e Tecnologias Informáticas
Universidade de Ciência e Tecnologia de Lunghwa
Taoyuan, Taiwan
TristanWYLee@mail.lhu.edu.tw

Resumo

Este documento apresenta um sistema de reconhecimento de caracteres de escrita na ponta dos dedos baseado na visão. O sistema global é implementado através de uma câmara de imagem CMOS num chip FPGA. É montada uma cobertura azul na parte superior de um dedo para simplificar a deteção da ponta do dedo e aumentar a precisão do reconhecimento. Para cada traço de carácter, são registados 8 pontos de amostragem (incluindo os pontos de início e de fim). 7 ângulos tangentes entre pontos de amostragem consecutivos são também registados como características. Além disso, são extraídos 3 ângulos de características: ângulos do triângulo que consiste no ponto inicial, no ponto final e no ponto médio de todos os pontos amostrados (8 no total). De acordo com estes ângulos de características-chave, é aplicado um classificador simples de correspondência de modelos K- nearest-neighbor para distinguir o traço de cada carácter. Os resultados experimentais mostraram que o sistema pode reconhecer com êxito os traços de caracteres de dígitos e letras minúsculas da escrita na ponta dos dedos com uma precisão de quase 100%. Globalmente, o sistema de reconhecimento da escrita na ponta dos dedos proposto proporciona um método de introdução de caracteres visuais fácil de utilizar e preciso.

Palavras-chave: reconhecimento visual de caracteres, deteção da ponta do dedo, correspondência de modelos, classificador K-nearest-neighbor, FPGA

1. Introdução

Como a procura de interfaces homem/máquina inteligentes baseadas na visão continua a crescer, são necessárias alternativas mais intuitivas e económicas às interfaces homem/máquina convencionais, como ratos, teclados e ecrãs tácteis. Exemplos de tais interfaces são os sistemas de reconhecimento de gestos manuais baseados na visão e os sistemas de reconhecimento de escrita manual [1,2,3]. No reconhecimento da linguagem gestual, os gestos das mãos são interpretados como símbolos e palavras. Os sistemas de reconhecimento de escrita em linha proporcionam uma interface natural, conveniente e sem contacto para a interação homem-computador. Isto abre a porta a novos métodos de introdução de caracteres sem fios. A ponta do dedo humano pode ser utilizada como interface de entrada de ponteiros em vez de uma caneta ou de um rato, tornando a interação/interface mais fácil de utilizar. Um sistema de reconhecimento da escrita na ponta dos dedos tem aplicações como rato virtual, dispositivo de introdução de assinaturas e seletor de aplicações.

Em geral, um sistema de reconhecimento visual da ponta dos dedos/escrita manual é composto por 3 módulos: aquisição de dados visuais, extração de características e reconhecimento da escrita manual. Com base na pose do corpo de um utilizador, podem ser reconstruídas trajectórias 3D do corpo humano, do braço e/ou da mão [4,5]. Uma forma mais fácil de detetar o movimento da mão humana ou da ponta dos dedos baseia-se em métodos de segmentação de imagens, como a segmentação da cor da pele, a subtração do fundo, etc. [6,7,8]. Os vectores de ligação entre os pontos amostrados da trajetória servem de características para o sistema de reconhecimento de escrita. As características-chave seleccionadas são os pontos da trajetória, os ângulos tangentes, as curvaturas, etc. [8,9]. As técnicas de reconhecimento de escrita manual habitualmente utilizadas incluem a correspondência de modelos, classificadores KNN baseados em DTW (dynamic time wrap), modelos ocultos de Markov (HMM), redes neuronais, etc. [5,7,9,10].

A maior parte das interfaces anteriores de reconhecimento de caracteres de escrita à mão ou na ponta dos dedos são construídas em sistemas baseados em PC com entrada de imagem de câmaras USB ou sensores RGB-D do Microsoft Kinect. Este trabalho centra-se numa implementação inteiramente baseada em FPGA com entrada a partir de um sensor de imagem CMOS. O sistema proposto alcançou uma exatidão de reconhecimento de 100% para dígitos e alfabetos minúsculos, e foi capaz de lidar com movimentos de dedos à escala. Um dos requisitos do sistema é a montagem de uma cobertura azul na ponta do dedo do utilizador e que seja visível para a câmara.

2. Abordagem principal

2.1 Visão geral do sistema

O sistema proposto de reconhecimento de caracteres de escrita na ponta dos dedos baseado na visão, como se mostra na Figura 1, é construído na placa de desenvolvimento Altera DE2-115 FPGA. Um ecrã LCD com um módulo de câmara (VEEK_MT) é ligado à DE2-115. Uma cobertura azul para a ponta do dedo é montada na parte superior do dedo do utilizador, a fim de simplificar a deteção da ponta do dedo e aumentar a precisão do reconhecimento. Os principais módulos funcionais deste sistema de reconhecimento visual de caracteres escritos com a ponta do dedo, como se mostra na Figura 2, consistem em (1) deteção da ponta do dedo, (2) seguimento e registo da ponta do dedo, (3) extração do ângulo de caraterística do traço do caractere e (4) correspondência de modelos com um classificador KNN.

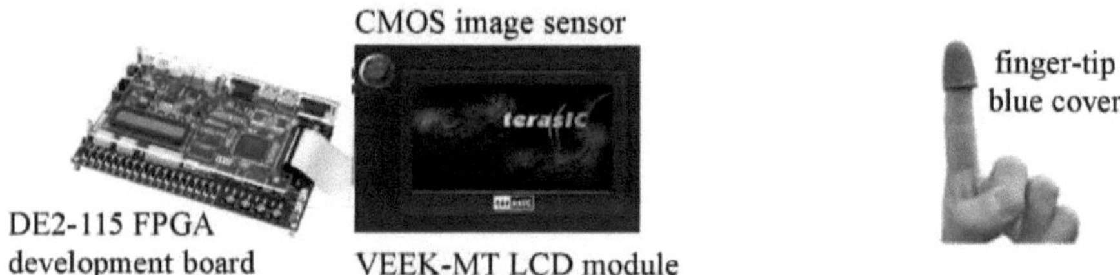

Figura 1. Configuração de um sistema de reconhecimento de caracteres de escrita na ponta dos dedos.

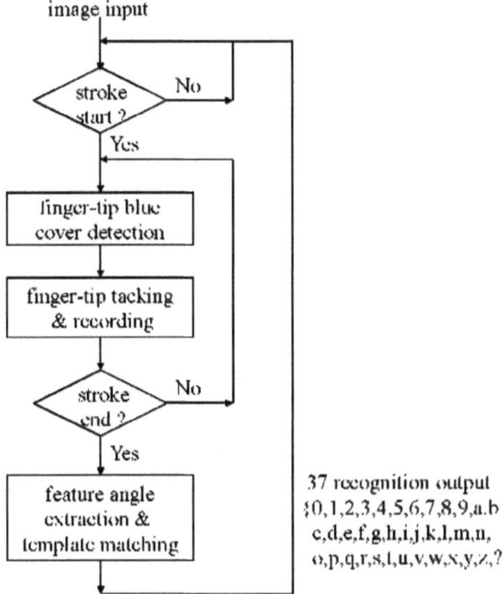

Figura 2. Módulos funcionais do sistema de reconhecimento visual de caracteres: (1) deteção da ponta do dedo, (2) seguimento e registo da ponta do dedo, (3) extração do ângulo de caraterística do traço do caractere, e (4) correspondência de modelos.

2.2 Ângulos de traços de caracteres

Para cada traço da ponta do dedo, são extraídos 9 pontos característicos. O ponto de início do traço é indicado por (x_0, y_0), e o ponto final por (x_7, y_7). Outros 6 pontos característicos da curva (x_i, y_i), $i = 1, 2, L, 6$, são depois uniformemente amostrados ao longo da curva do traço entre o início e o fim. O último ponto caraterístico, (x_c, y_c), é o ponto médio dos 8 pontos amostrados acima,

$$(x_c, y_c) = \frac{1}{8}\left(\sum_{i=0}^{7} x_i, \sum_{i=0}^{7} y_i\right). \tag{1}$$

Cada curva de traço é codificada com 10 ângulos característicos chave, como se mostra na Figura 3. Os primeiros sete ângulos de caraterística, θ_i, $i = 1, 2, \cdots, 7$, são ângulos tangentes de vectores entre

pontos de amostragem consecutivos,

$$\theta_i = \arctan 2(y_i - y_{i-1}, x_i - x_{i-1}), \quad i = 1, 2, \cdots, 7. \tag{2}$$

A função $\arctan 2(y,x)$ é uma função arctangente de quatro quadrantes, tal que

$$\arctan 2(y,x) = \begin{cases} \arctan(\dfrac{y}{x}) & y, x \geq 0 \\[2mm] \pi - \arctan(\dfrac{y}{-x}) & y > 0, x < 0 \\[2mm] \pi + \arctan(\dfrac{-y}{-x}) & y, x \leq 0 \\[2mm] 2\pi - \arctan(\dfrac{-y}{x}) & y < 0, x > 0 \end{cases}. \tag{3}$$

Os três últimos ângulos de características $(\theta_8, \theta_9, \theta_{10})$ são ângulos do triângulo constituído pelo

ponto inicial (x_0, y_0), ponto final (x_7, y_7) e ponto médio (x_c, y_c), e são obtidos utilizando

o teorema do cosseno,

$$\theta_8 = \arccos \frac{b^2 + c^2 - a^2}{2bc} \tag{4}$$

$$\theta_9 = \arccos \frac{a^2 + c^2 - b^2}{2ac} \tag{5}$$

e

$$\theta_{10} = \arccos \frac{a^2 + b^2 - c^2}{2ab}, \tag{6}$$

em que (a, b, c) são os comprimentos das arestas do triângulo.

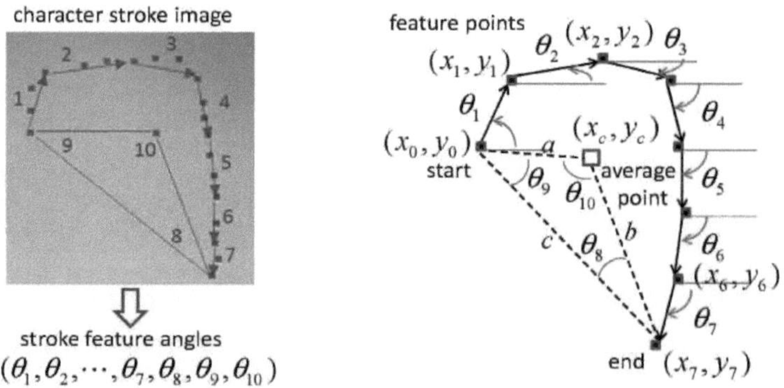

Figura 3. Ilustração dos 10 ângulos de um traço de carácter.

2.3 Correspondência de modelos e classificador Kth-nearest-neighbor

O reconhecimento de caracteres proposto baseia-se na correspondência de modelos utilizando um classificador K- near-neighbor (KNN). Os ângulos de caraterística dos caracteres de referência (na tabela de ângulos de caraterística do modelo i-th j-th) são denotados por $\lambda_{i,j}$, $1 \le i \le 36$, $1 \le j \le 10$, onde i representa o i-ésimo carácter na sequência alfabética de $\{0,1,...,9,a,b,...,z\}$, como se mostra no Apêndice. A distância de correspondência entre o traço de entrada, codificado com ângulos de caraterística $(\theta_1, \theta_2, \cdots, \theta_{10})$, e cada modelo de carácter i é então calculada por

$$d_i = \sum_{j=1}^{10} e_{ij}, \quad i = 1, 2, \cdots, 36, \tag{7}$$

onde

$$e_{ij} = \begin{cases} |\theta_j - \lambda_{i,j}| & |\theta_j - \lambda_{i,j}| \le 180° \\ 360° - |\theta_j - \lambda_{i,j}| & |\theta_j - \lambda_{i,j}| > 180° \end{cases}. \tag{8}$$

Seja i^* o carácter de referência que satisfaz $d_{i^*} = \min_{1 \le i \le 36} \{d_i\}$, o classificador KNN o resultado é

$$output = \begin{cases} i^* & d_{i^*} \le 400 \\ 0 & otherwise \end{cases}, \tag{9}$$

zero representa um traço de carácter desconhecido.

3. Deteção e seguimento da ponta dos dedos

O módulo de processamento da imagem de deteção da ponta do dedo capta imagens em tempo real com um sensor de imagem CMOS, à qual se segue a deteção da ponta do dedo, o rastreio do traço dos caracteres e o registo dos pontos característicos. A Figura 4 mostra o diagrama de blocos funcionais do módulo de processamento de imagens de deteção da ponta do dedo. A cadeia de processamento inclui a transformação do espaço de cor, a equalização do histograma, a deteção de cores, a filtragem, o seguimento de objectos e a gravação.

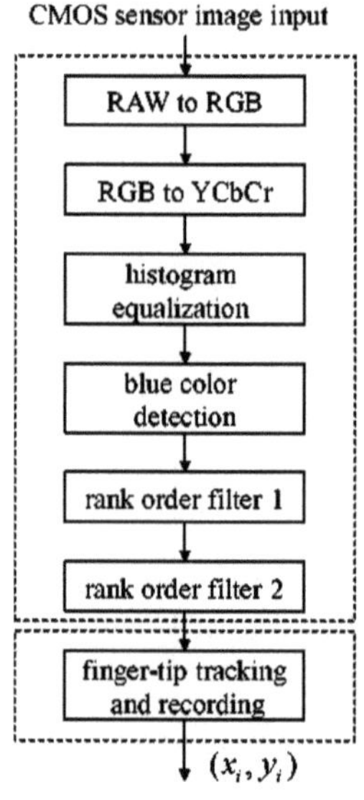

Figura 4. O processamento de imagem da deteção e seguimento da ponta do dedo.

A transformação de cor RGB para YCbCr é definida como

$$\begin{bmatrix} Y \\ Cb \\ Cr \end{bmatrix} = \begin{bmatrix} 0.299 & 0.587 & 0.114 \\ -0.169 & -0.331 & 0.5 \\ 0.5 & -0.419 & -0.081 \end{bmatrix} \begin{bmatrix} R \\ G \\ B \end{bmatrix} + \begin{bmatrix} 0 \\ 128 \\ 128 \end{bmatrix} \tag{10}$$

em que $0 \leq R, G, B \leq 255$ e $0 \leq Y, Cb, Cr \leq 255$. A transformação do espaço de cor é seguida por

equalização do histograma para o componente *Cb*. A função de densidade do

histograma de $r_k = Cb$ é designada por

$$P_{rob}(r_k) = \frac{n_k}{M\,N}, \quad k = 0,1,2,\cdots,L-1, \tag{11}$$

onde $M \times N$ é o número total de pixéis, então a função de equalização do histograma é

$$s_k = T(r_k) = (L-1)\sum_{j=0}^{k} P_{rob}(r_j) = \frac{L-1}{M\,N}\sum_{j=0}^{k} n_j, \quad k = 0,1,2,\cdots,L-1. \tag{12}$$

Em seguida, a segmentação da cor azul-cobertura da ponta do dedo é efectuada da seguinte forma

$$P = \begin{cases} 1 & s_k > 252 \\ 0 & \text{otherwise} \end{cases}, \tag{13}$$

em que s_k representa o componente *Cb* após a equalização do histograma. Finalmente,

um filtro de ordem de classificação numa janela 5x5,

$$P_{13} = \begin{cases} 1 & \sum_{i=1}^{25} P_i = 25 \\ 0 & \text{otherwise} \end{cases} \tag{14}$$

é aplicado duas vezes para gerar uma imagem binária, em que os pixéis da janela 5x5

são numerados de 1 a 25, da esquerda para a direita e depois de cima para baixo, sendo

P_{13} o pixel central. Os píxeis verdadeiros indicam potenciais posições das pontas dos

dedos. A posição da ponta do dedo detectada é recodificada e monitorizada com uma

frequência de 7 vezes por segundo.

4. Implementação e experiência em FPGA

O sistema proposto de reconhecimento visual de caracteres de escrita na ponta dos dedos é implementado como um circuito lógico dedicado num chip FPGA. A entrada de imagens em tempo real é enviada linha a linha para o chip FPGA. Até 5 linhas de uma imagem são armazenadas em line-buffers (FIFO) de forma encadeada. O relógio de píxeis de processamento de imagem é de 96 MHz. Os dados da imagem em bruto são capturados por uma câmara a cores com uma resolução de 800 x 480 e uma taxa de fotogramas de 7 fps (fotogramas por segundo). A imagem bruta é convertida numa imagem RGB de 800x480 e 24 bits (através de uma vizinhança local de cada quatro pixels digitalizados). A Figura 5 mostra a cadeia de processamento de imagem para a deteção e seguimento da ponta do dedo.

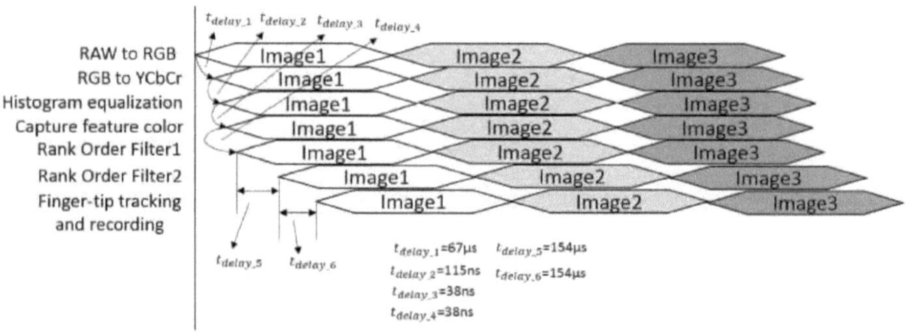

Figura 5. A cadeia de processamento de imagem da deteção e seguimento da ponta do dedo.

São necessárias duas funções matemáticas, arccosine(x) e arctan2(y, x), para calcular os ângulos de um traço de carácter. A função arccosine é implementada utilizando uma tabela de pesquisa com uma resolução de 1,0 graus. O algoritmo CORDIC [11] com dados de entrada de 12 bits é aplicado para calcular os ângulos tangentes. A Figura 6 mostra a conceção CORDIC em pipeline para calcular a tangente inversa do primeiro quadrante no chip FPGA. A função tangente inversa de quatro quadrantes pode então ser obtida a partir da Eq. (3). Os resultados da síntese para todas as arquitecturas de sistemas de reconhecimento de caracteres são apresentados na Tabela 1. As percentagens globais do recurso total da FPGA estão entre parêntesis.

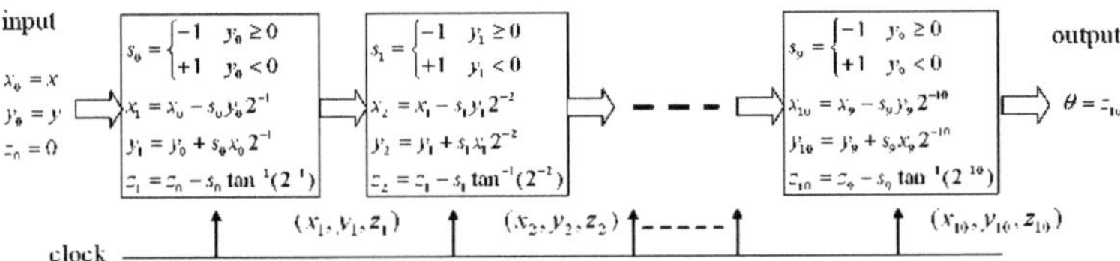

Figura 6. Conceção CORDIC em pipelines para calcular a tangente inversa do primeiro quadrante

Tabela 1: Resultados da síntese e utilização do dispositivo FPGA

CicloneIV EP4CE115F29	lógica elementos	registos	bits de memória
total de elementos	114,480 (bits)	114,480 (bits)	3,981,312 (bits)
elementos utilizados	43,773 (38%)	13,770 (12%)	55,804 (2%)
módulo funcional	lógica elementos	registos	bits de memória
Elementos utilizados na FPGA	43,773 (bits)	13,770 (bits)	55.804 (bits)
RAW para RGB	100 (<1%)	53 (<1%)	19,152 (34%)
RGB para YcbCr	104 (<1%)	53 (<1%)	0
equalização de histograma	11,634 (27%)	9,728 (70%)	0
deteção da cor azul	15 (<1%)	0	0
filtro de ordem hierárquica 1	82 (<1%)	37 (<1%)	3,990 (7%)

filtro por ordem de classificação 2	82 (<1%)	37 (<1%)	3,990 (7%)
rastreio e registo na ponta dos dedos	8,987 (21%)	1,505 (11%)	0
extracções de ângulos de características	8,580 (20%)	0	0
controlo sdram	991 (2%)	696 (5%)	28,672 (52%)
correspondência de modelos	1,172 (3%)	177 (1%)	0
outros	12,026 (27%)	1,484 (11%)	0

A figura 7 mostra uma execução típica de deteção da ponta do dedo e de reconhecimento de caracteres. O início do processo de escrita com a ponta do dedo é desencadeado pela deslocação da ponta do dedo para uma caixa de botão de início apresentada no ecrã LCD. O sistema de reconhecimento começa então a seguir e a registar um traço de carácter após 4 segundos. O fim de um traço é assinalado mantendo a ponta do dedo imóvel durante 2 segundos. O resultado do reconhecimento é depois apresentado no ecrã LCD. Todo o processo demora cerca de alguns segundos. A Figura 8 mostra uma experiência de reconhecimento de escrita de 2 caracteres, em que o reconhecimento do segundo carácter começa logo após o primeiro ter sido reconhecido em 3 segundos.

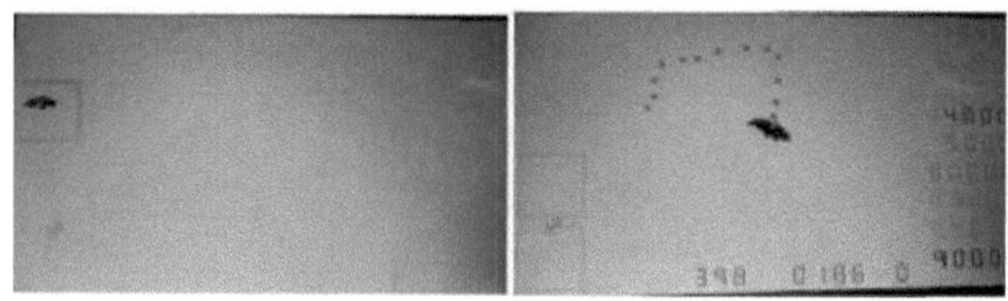

(a) início da escrita com a ponta do dedo (b) rastreio da curva do traço

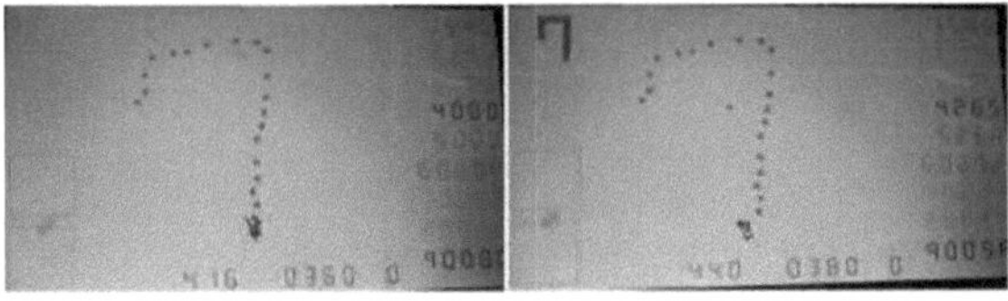

(c) fim do traço do carácter (d) resultado do reconhecimento do carácter

Figura 7. Processo experimental de escrita e reconhecimento da ponta do dedo.

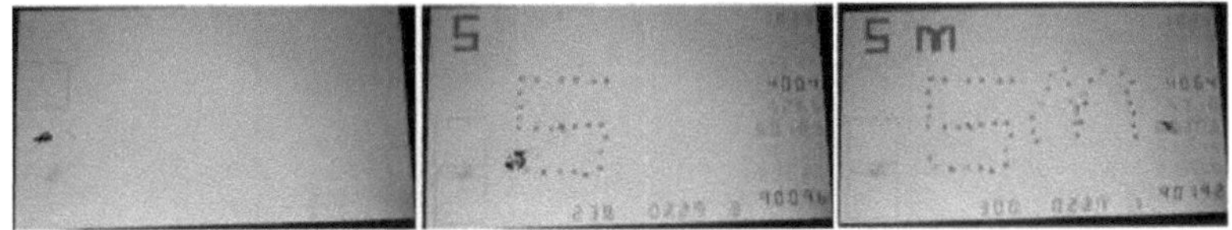

Figura 8. Reconhecimento experimental da escrita de 2 caracteres.

Os seguintes pares de traços de caracteres são semelhantes e mais difíceis de distinguir, daí a necessidade de mecanismos especiais de distinção.

(1) Algarismo 0 e alfabeto o: o algarismo 0 escreve-se no sentido dos ponteiros do relógio e o alfabeto o no sentido contrário ao dos ponteiros do relógio.

(2) Dígito 2 e alfabeto z: o alfabeto z é escrito com um traço adicional para cima

(3) Dígito 5 e alfabeto s: o alfabeto s é escrito com uma curvatura mais suave

(4) Dígito 9 e alfabeto g: o alfabeto g é escrito com um traço adicional para cima

(5) Alfabetos f e t: o alfabeto f é terminado com um traço de tique para a esquerda.

A Figura 9 mostra a amostra experimental de traços de caracteres dos dígitos 0~9 e das letras minúsculas a~z. O sistema proposto demonstrou uma precisão de reconhecimento de 100% nas nossas experiências. Testámos cada amostra de carácter 10 vezes (um total de 360 traços de carácter) e não ocorreu qualquer erro de reconhecimento.

Figura 9. Traços experimentais de 36 caracteres de 0~9 e a~z.

5. Conclusão

Apresentámos um sistema simples mas eficaz de reconhecimento de traços de caracteres de escrita na ponta dos dedos baseado na visão. O sistema proposto é implementado num único chip FPGA com entrada a partir de um sensor de imagem CMOS. O sistema de reconhecimento atingiu uma exatidão de 100% para dígitos e letras minúsculas, e foi capaz de lidar com o movimento do dedo à escala. Um requisito adicional do sistema é que uma cobertura azul seja montada na ponta do dedo do utilizador e seja visível para a câmara. Em trabalhos futuros, gostaríamos de efetuar o reconhecimento de palavras com poucos caracteres.

Agradecimentos

Este trabalho é apoiado pelo Ministério da Ciência e Tecnologia de Taiwan, através de uma subvenção

MOST-103-2221-E-011-101.

Referências:

[1] L. Jin, D. Yang, L. Zhen, and J. Huang, A novel vision based finger-writing character recognition system, Journal of Journal of Circuits, Systems, and Computers, Vol. 16, No. 3, pp. 421-436, 2007.

[2] Z. Zafrulla, H. Brashear, T. Starner, H. Hamilton e P. Presti, American sign language recognition with the kinect, ICMI'11 Proceedings of the 13th International Conference on Multimodal Interfaces, pp. 279-286, 2011.

[3] S. Mitra and T. Acharya, Gesture recognition: a survey, IEEE Transactions on Systems, Man, and Cybernetics, Part C: Applications and Reviews, Vol. 37, No. 3, pp. 311-324, 2007.

[4] A. Schick, F. van de Camp, J. Ijsselmuiden, and R. Stiefelhagen, Extending touch: towards interaction with large-scale surfaces, Proceedings of ACM International Conference on Interactive Tabletops and Surfaces, pp. 117-124, 2009.

[5] S. L. Phung, A. Bouzerdoum, and D. Chai, Skin segmentation using color pixel classification: analysis and comparison, IEEE Trans. on Pattern Analysis and Machine Intelligent, Vol. 27, No. 1, pp. 148-154, 2005.

[6] A. Schick, D. Morlock, C. Amma, T. Schultz e R. Stiefelhagen, Vision-based handwriting recognition for unrestricted text input in mid-air, ICMI'12 Proceedings of the 14th International Conference on Multimodal Interfaces, pp. 217-220, Santa Monica, California, USA, October, 2012.

[7] Z. Ye, X. Zhang, L. Jin, Z. Feng e S. Xu, Finger-writing-in-the-air system using kinect sensor, 2013 IEEE International Conference on Multimedia and Expo Workshops (ICMEW), pp. 1-4, San Jose, CA, EUA, julho de 2013.

[8] D. Lee e S. Lee. Vision-based finger action recognition by angle detection and contour analysis, Journal of ETRI, Vol. 33, No. 3, pp. 415-422, 2011.

[9] S. Vikram, Lei Li e S. Russel, Handwriting and gestures in the air, recognizing

on the fly, Proceedings of the CHI '13, pp. 1179-1184, Paris, França, abril de 2013.

[10] R. Plamondon e S. N. Srihari, On-line and off-line handwriting recognition: a comprehensive survey, Transactions on Pattern Analysis, Vol. 22, No. 1, pp. 63-83, 2000.

[11] Y. H. Hu, CORDIC-based VLSI architectures digital signal processing, IEEE Signal Processing Magazine, Vol. 9, No. 3, pp. 16-35, julho de 1992.

Quadro 2: Modelo dos ângulos de características do traço dos caracteres

$\lambda_{i,j}$	1	2	3	4	5	6	7	8	9	10
0	50	343	292	237	191	147	85	87	91	0
1	274	261	275	262	265	276	261	37	37	180
2	43	359	290	232	212	2	4	26	39	151
3	25	309	205	11	304	221	140	46	46	99
4	179	183	50	42	302	274	265	44	74	64
5	182	232	334	343	264	175	175	45	29	160
6	181	232	292	334	57	161	180	57	22	130
7	83	0	309	265	276	219	288	39	44	118
8	150	245	320	244	129	39	43	104	77	7
9	137	212	302	25	293	265	218	19	66	109
a	163	234	295	29	85	295	4	33	85	69
b	262	267	281	355	43	162	168	88	12	86
c	148	196	223	259	307	358	14	68	40	75
d	262	275	278	182	161	56	2	95	10	82
e	3	78	164	220	277	331	1	16	77	95
f	4	92	219	275	290	265	122	42	55	87
g	178	220	355	29	265	244	127	39	34	180
h	264	274	265	179	53	355	276	42	35	147
i	52	71	96	182	274	295	307	78	62	43
j	288	264	265	260	198	127	108	66	26	97
k	264	274	81	320	129	101	32	65	61	54
l	265	265	274	355	4	4	355	42	37	131
m	67	348	281	71	43	290	295	42	43	112
n	265	267	87	65	3	289	265	30	44	156
o	124	181	223	288	334	42	85	103	79	0
p	55	330	230	140	327	278	281	14	76	98
q	147	244	4	251	265	79	25	39	63	82
r	309	274	244	95	78	43	26	53	49	81
s	136	193	281	327	294	196	123	39	33	173
t	2	64	180	258	267	304	56	38	38	143
u	262	309	25	65	85	258	316	39	34	166
v	305	306	341	57	64	65	71	48	40	106
w	288	1	68	308	295	78	55	38	42	128
x	307	309	124	50	212	230	223	52	46	88
y	327	348	57	230	233	219	223	37	60	88
z	359	245	219	244	11	55	140	138	23	54

yes I want morebooks!

Buy your books fast and straightforward online - at one of world's fastest growing online book stores! Environmentally sound due to Print-on-Demand technologies.

Buy your books online at
www.morebooks.shop

Compre os seus livros mais rápido e diretamente na internet, em uma das livrarias on-line com o maior crescimento no mundo! Produção que protege o meio ambiente através das tecnologias de impressão sob demanda.

Compre os seus livros on-line em
www.morebooks.shop

Printed by Books on Demand GmbH, Norderstedt / Germany